PLANET EARTH

张玉光◎主编

潜入海底一万米

北方妇女儿童出版社
·长春·

图书在版编目（CIP）数据

潜入海底一万米 / 张玉光主编 . -- 长春 : 北方妇女儿童出版社，2023.9
（我的趣味地球课）
ISBN 978-7-5585-7728-4

Ⅰ . ①潜… Ⅱ . ①张… Ⅲ . ①深海—少儿读物 Ⅳ . ① P72-49

中国国家版本馆 CIP 数据核字（2023）第 163424 号

潜入海底一万米

QIANRU HAIDI YIWAN MI

出 版 人 师晓晖
策 划 人 师晓晖
责任编辑 于洪儒
整体制作 日知图书 北京日知图书有限公司
开　　本 720mm × 787mm 1/12
印　　张 4
字　　数 100千字
版　　次 2023年9月第1版
印　　次 2023年9月第1次印刷
印　　刷 鸿博睿特（天津）印刷科技有限公司
出　　版 北方妇女儿童出版社
发　　行 北方妇女儿童出版社
地　　址 长春市福祉大路5788号
电　　话 总编办：0431-81629600
发行科：0431-81629633
定　　价 50.00元

目录
CONTENTS

潜入深海一万米

地球的最深点在太平洋西部的马里亚纳海沟，那里最大水深达到了 11034 米，比珠穆朗玛峰的高度还要多出 2000 多米！在这样一个极度高压、漆黑、冰冷的海底世界，依然有生物顽强生存着。现在就让我们一探神秘的海洋世界吧！

水下 1000 米是深海和浅海的分界线。——1000m

这里的水压相当于把 10000 个成年人压在你身上。——1500m

这里是抹香鲸的领地。——2000m

味道鲜美的深海鳕鱼藏身在这里。——2700m

3000m

泰坦尼克号静静地沉睡在这里。——3750m

4000m

7000m

2012 年 6 月 27 日，中国载人深潜器“蛟龙号”下潜到这个深度，创造了中国载人深潜器的当下纪录。——7062m

海马、狮子鱼、小飞象章鱼等活跃在此。——8000m

这里是马里亚纳海沟的最深深度。——11034m

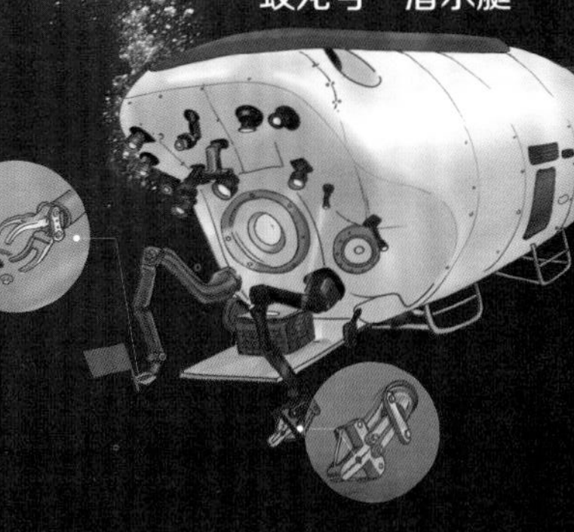

在马里亚纳海沟最深处已经发现了人类制造的工业垃圾。

我们被海洋包围着

海洋，一个如梦如幻又如此真实的存在。在那时而平静、时而汹涌的波涛中，隐藏着无数神秘的东西，那里也是生命的起源地。它包裹着我们的地球，使之变成了宇宙中一颗蓝色的星球。它环绕在我们周围，与我们的生活息息相关。

海洋是怎么来的

地球形成之后，随着地壳逐渐冷却，大气的温度也逐渐降低，水汽液化变成水滴。但由于冷却不均，经常伴有电闪雷鸣，暴雨积聚骤起，就形成了原始的海洋。后来水分不断蒸发，降雨反复，把陆地和海底岩石中的盐分溶解出来，并汇集于海水中。就这样经过亿万年的水量和盐分的积累融合，原始海洋就逐渐演变成今天的海洋。

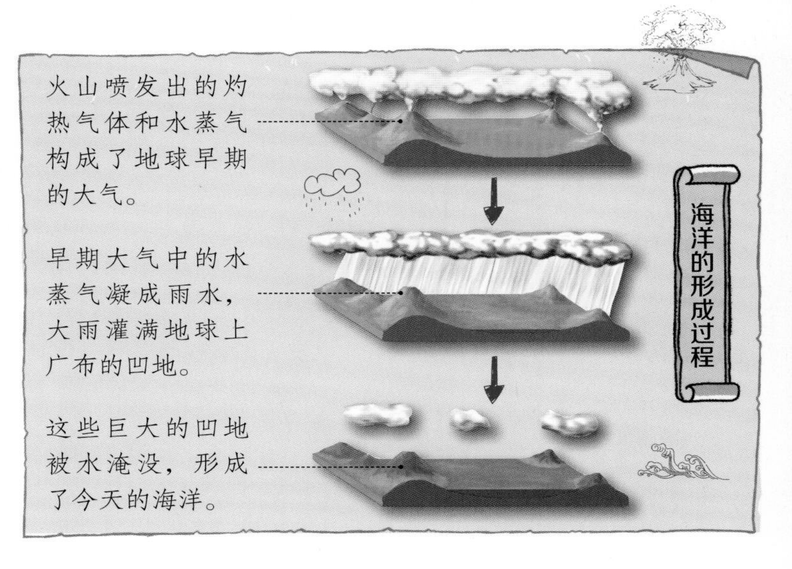

海洋也分地盘

地球上的海洋被分为四大片区，从大到小依次是太平洋、大西洋、印度洋和北冰洋。太平洋有多大呢？它几乎占据世界海洋总面积的一半，其他三大洋加在一起才比得上它！北冰洋的面积最小，深度最浅，温度也最低，洋面上终年覆盖着 3~4 米厚的冰盖。北冰洋上有两大奇观，一是天空中常常出现**五彩缤纷的极光**，另一个就是这里一年中有一半时间是阳光普照的白昼，另一半时间则暗无天日。值得一提的是，2000 年国际水文地理组织将南冰洋确定为第五大洋，不过学术界仍有人并不认可这一说法。

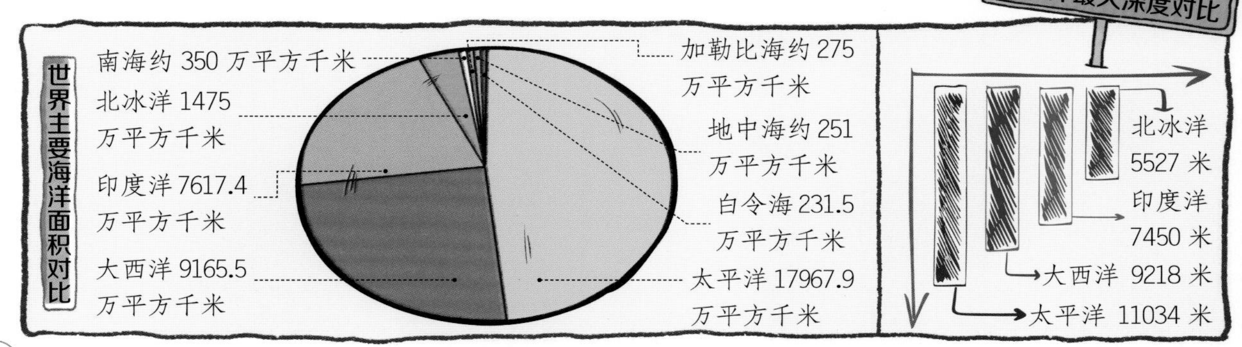

我的海洋课堂

太平洋是世界上面积最大的洋，约占全球面积的 35%。
印度洋中的恒河三角洲在沉积三角洲中面积排第一。
大西洋中脊海底山脉的长度在世界山脉中名列第一。

五颜六色的海底鱼类

海底山脉

珊瑚礁

恒河上的船

有趣的大海

全世界大大小小的海一共有 64 个，其中面积最大的海位于太平洋中，名叫珊瑚海，共有 479.1 万平方千米，相当于半个中国那么大。从名字可以看出，这里有着大量珊瑚礁，无数五颜六色的鱼儿在此穿梭嬉戏。

最大的海	珊瑚海	479.1 万平方千米	南太平洋
最小的海	马尔马拉海	约 1.1 万平方千米	土耳其
最浅的海	亚速海	平均水深 8 米	俄罗斯西南岸和乌克兰东南岸之间
最咸的海	红海	年平均盐度约 41‰	阿拉伯半岛和非洲大陆之间
最淡的海	波罗的海	年平均盐度 7‰ ~8‰	欧洲北部

波罗的海

红海日出

亚速海上的帆船

神秘海洋冒险

按照地形来划分，靠近陆地的水域称为海，海以外的水域称为洋。打个比方，假如将海洋看作是一个不规则图形，那么中间 89% 的地方都是洋，而海只是洋的边缘部分，仅仅占据总面积的 11%。

海浪、潮汐和海啸

海浪一个连着一个向岸边涌来，究竟是什么样的神奇力量让海浪从不停息、让海水潮起潮落？又是什么力量让海洋“暴怒”、掀起能摧毁一切的海啸呢？我们来一探究竟吧。

浪花朵朵

海浪是发生在海洋上的**表面波**，它的能量主要来自风。当风吹过海面，空气对水施加了压力，水面便会起波纹。如果风吹的时间较短，凹凸的水波便随着风的消减而消失；如果风继续吹，便形成了海浪。通常情况下，海浪的波高区间为几厘米至 20 多米不等，特殊情况下的波高可超过 30 米。

在海滩，海水流速减缓，海浪运动到顶部后下落，海浪破碎成浪花飞溅出来。

吹过水面的风推动水面所有水波的运动。

随着风力的减弱，海浪逐渐消失，海水慢慢退去。

海浪运动的轨迹在水面下扩散，但再往下就消失了。

靠近水面的波浪会连续不断地翻滚。

海浪在风的推动下会以惊人的力量拍击海岸，它的拍击力度会受风力、水量的影响。

神秘海洋冒险

冲浪是一项古老的运动。1778 年，英国环球航海家詹姆斯·库克周游世界，到达南太平洋塔希提岛和夏威夷时，看到当地土著人用各种尺寸、式样的冲浪板做冲浪运动。他们以极高的技巧移动小板冲过波浪。20 世纪初，这项运动传到欧美，得到迅速发展。

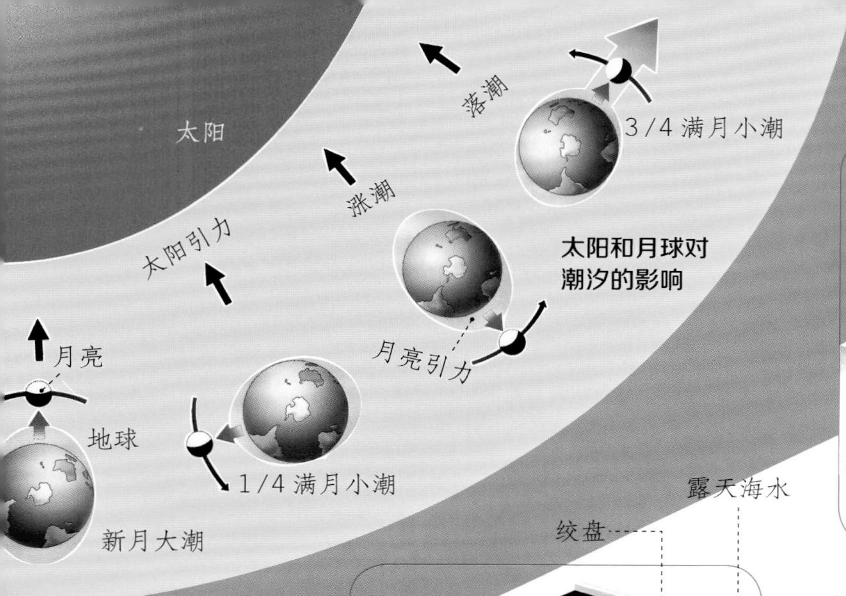

太阳和月球对潮汐的影响

露天海水

主水闸

绞盘

水力发电机涨潮时的工作状态

潮汐能

海水发生周期性的涨落，在一些海湾和河口，潮差可能有几米甚至十几米。人们通过研究海水的涨落规律，并修筑堤坝等水利设施，利用潮水的落差进行水力发电。

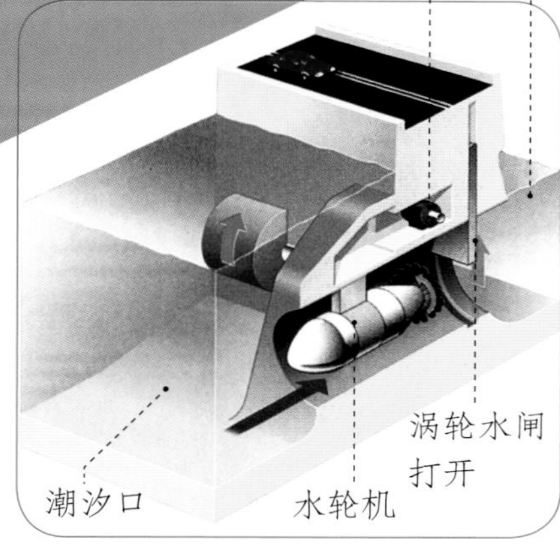

水力发电机落潮时的工作状态

潮涨潮落有规律

只要你在海边用心观察，就会发现海水很有规律地在涨落，这就是大海的“呼吸”——潮汐。它的“呼吸”动力主要来源于太阳和月亮对海水的**引力作用**。

在新月和满月时，太阳和月亮会处在一条直线上，两者的共同引力使得海水的上涨程度比平时更大，这就是所谓的大潮。当月亮运行到与太阳和地球约成 90° 角位置时，太阳和月亮对海水的引力相互抵消一部分，海水上涨的程度比平时小，这就形成了小潮。

可怕的海啸

海啸是由海底地震、火山喷发或海底塌陷、滑坡所激起的移行于海洋上的大波浪。海岸边巨大山体滑坡、小行星坠落到海洋、水下核爆也能引起海啸。海啸是许多国家沿海地区最可怕的**自然灾害**之一，全球各大洋均有海啸发生，但因全球 90% 的海底大地震发生在太平洋，所以太平洋沿岸是海啸灾害多发区。

我的海洋课堂

1960 年，太平洋连接智利附近的海域发生海啸，最大浪高 25 米。

2004年，印度尼西亚发生了里氏 9 级的海底地震，随之引起的海啸袭击了周边的很多国家，造成约 30 万人死亡。

海陆间的亮丽风景线

海岸是把陆地与海洋分开，同时又把陆地与海洋连接起来的海陆间最亮丽的一道风景线。但它并不是一条位于海洋与陆地之间固定不变的分界线，而是在潮汐、波浪等因素的影响下，每天都会发生变动的一个地带。海岸形成于遥远的地质年代，当地球形成、海洋出现时，海岸也就从此诞生了。

我的海洋课堂

海水之所以会呈现蓝色，是由于太阳光反射的效果。

光由红、橙、黄、绿、蓝、靛、紫七种颜色组成，当阳光的七种颜色全部投射到海里时，由于每种光的强度、穿透力以及波长的不同，最终人们的眼睛接收到蓝色光，因而大海在我们眼中也就呈现蓝色。

海岸地貌

海岸地貌是海岸在构造运动、海水动力、生物作用和气候因素等共同作用下所形成的各种地貌的总称。海岸**景观变化**多样，波浪以惊人的力量侵蚀海岸线，将物质搬运、沉积在海岸的其他地方。

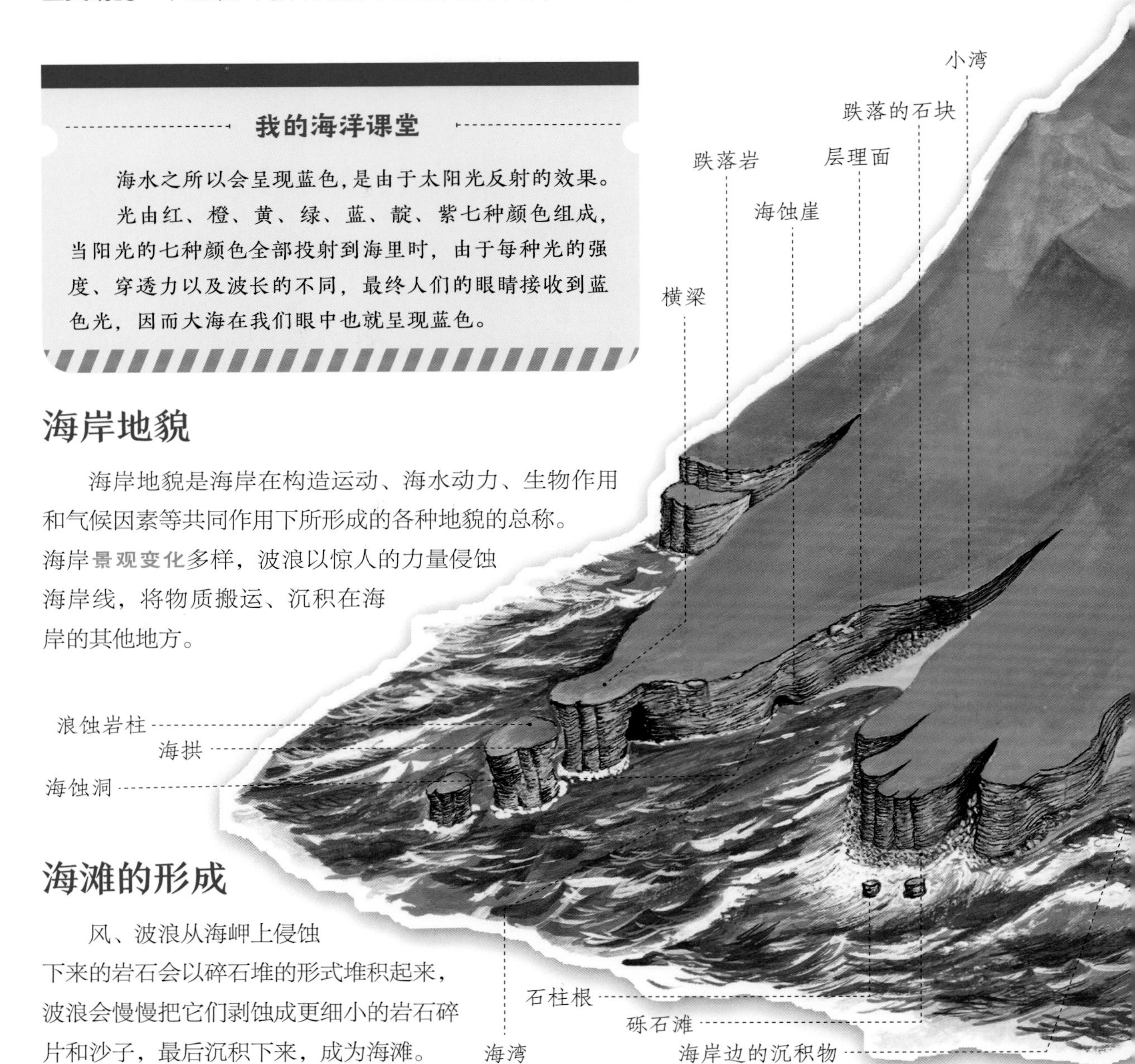

海滩的形成

风、波浪从海岬上侵蚀下来的岩石会以碎石堆的形式堆积起来，波浪会慢慢把它们剥蚀成更细小的岩石碎片和沙子，最后沉积下来，成为海滩。

沙质海岸

沙质海岸也就是“沙滩”，主要分布在山地、丘陵沿岸的海湾。从山地、丘陵腹地发源的河流，携带大量的粗沙、细沙入海，它们大部分随海流扩散，沙粒受海水冲击，大多沉积在海湾的岸边，就这样年复一年越积越多，最终形成沙质海岸。

基岩海岸

基岩海岸是由坚硬的岩石组成，常有突出的海岬。在海岬之间，形成深入陆地的海湾，岬湾相间，绵延不绝，海岸线十分曲折。**基岩海岸**最为壮观的景象是从海上奔腾而来的巨浪在悬崖峭壁上撞出冲天水柱，发出阵阵轰鸣。

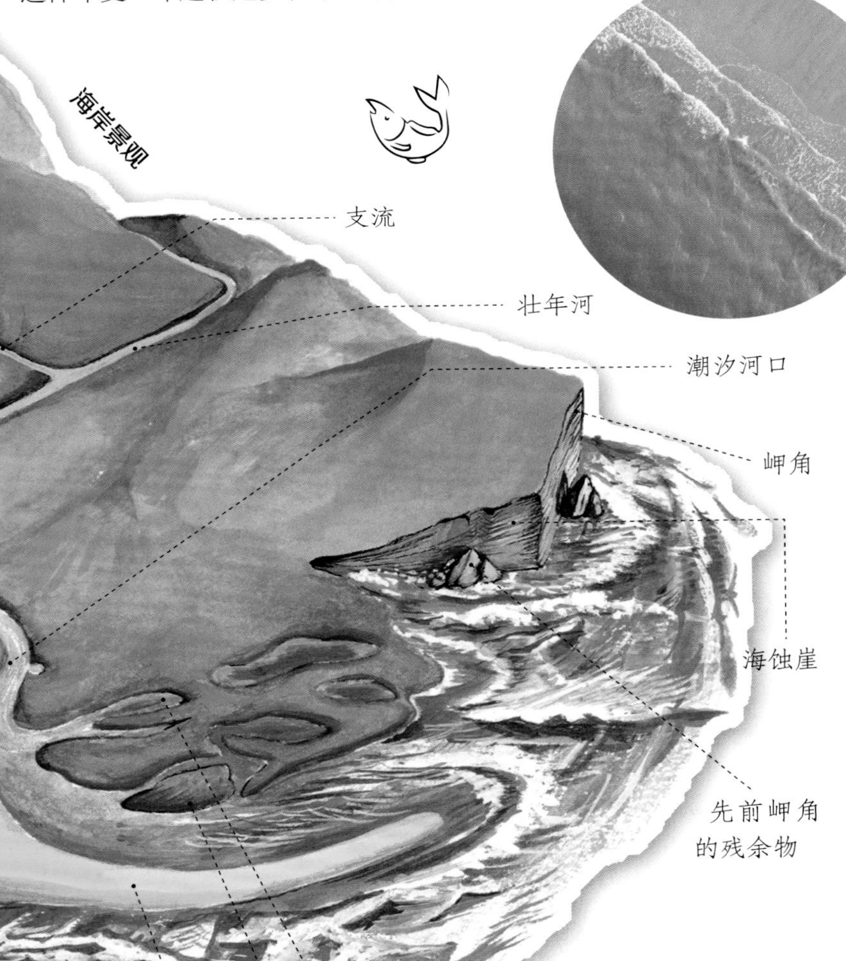

沙质海岸

坎贝尔港海岸

位于澳大利亚东南海岸的坎贝尔港海岸是典型的基岩海岸，在风雨和海浪的冲蚀下，松软的砂石脱落，形成了坚硬的基岩海岸。

变化中的海岸线

全球的海岸线并不是永远一成不变的。波浪对海岸的侵蚀作用、海平面的升降等因素，都会影响海岸地区的地形，甚至有可能导致海岸线在较短时期内发生巨大的变化。

奇异大海湾

你想领略世界上最奇异的海岸风光吗？如果你有机会去挪威、英国、澳大利亚和泰国，便可欣赏到比黄金海滩还要壮丽的风光。无论你去哪一处，欣赏过那里的风景之后你就会明白，有山有海的地方，就少不了美丽绝伦的海岸奇观。

恶魔之舌

十二使徒岩

坎贝尔湾

坎贝尔湾位于澳大利亚，海浪千万年间不停地冲蚀，造就了海岸附近成群矗立的岩柱。这些千奇百怪的岩柱绵延 30 多千米，使这里成为世界上最美丽的风景之一。著名的“十二使徒”“伦敦桥”“霹雳洞”等都是这条古老海岸的一部分。“十二使徒”如十二位使者，屹立在亮蓝清澈的海水中，仿佛每一座礁石都在述说着自己的故事和那些逝去的岁月。

多佛尔悬崖

多佛尔悬崖高高地耸立于英吉利海峡的海面上，耀眼的白色断崖是许多航海家对英格兰产生的第一印象。很久以前，无数微生物个体和富含碳酸钙的贝壳沉入海底，白色的贝壳一层层堆积起来，形成松软的石灰岩，再经过千百万年的外力作用，渐渐成为如今的白垩质悬崖。在高 162 米的白色悬崖顶部，是一片绿油油的、如织锦般的草地。

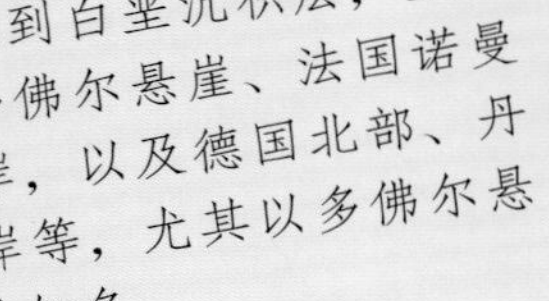

在欧洲西北部的许多地方都可以见到白垩沉积层，主要包含多佛尔悬崖、法国诺曼底海岸，以及德国北部、丹麦沿岸等，尤其以多佛尔悬崖最为知名。

多佛尔悬崖顶上的草地

“U”“V”形峡湾

由于冰川的侵蚀作用，在挪威西海岸陡峭的山谷和崖壁之间，形成了很多“U”和“V”字形的峡湾，海水流入这些峡湾之后，便造就出了许多绝美的峡湾佳景，如吕瑟峡湾的布道台悬崖，以及哈当厄尔峡湾分支处的“恶魔之舌”，又名“巨人之舌”等。

布道台

泰国“小桂林”

攀牙湾位于泰国普吉岛东北75千米处，因紧靠泰南大陆的攀牙府而得名。那里奇峰怪石林立，素有泰国“小桂林”的美誉。

鲨鱼湾

鲨鱼湾位于澳大利亚西海岸、珀斯以北800千米处，不仅拥有壮观的石灰岩悬崖，还拥有一片很大面积的海草床。这片海草床为上万头儒艮提供了充足的食物，可它们却成了各种鲨鱼的捕食对象，这片海域潜伏着大白鲨、虎鲨等各种鲨鱼，“鲨鱼湾”也就因此得名。

攀牙湾

攀牙湾是泰国南部一处风景优美的地方。在波光粼粼的淡绿色水面上，林立着许多奇形怪状的石灰岩，有的看上去像驼峰，有的像倒栽的芜菁。岩石上有许多天然形成的洞穴，有的上面还绘有古代的人、动物、鱼形等图案。“007系列”电影曾在此取景，那块被取景的岩石被称为“007岩”。

下龙湾是典型的石灰岩喀斯特地貌，风光旖旎，有“海上桂林”的美称。2011年，下龙湾入选“世界新七大自然奇观”名单。

“海上桂林”

儒艮

儒艮又叫人鱼，身体呈纺锤形，体长在2～3.3米之间，前肢呈鳍状，后肢已完全退化。习惯成群地栖息在河口或浅海湾，以藻类和其他水生植物为食。

下龙湾

下龙湾是越南北部的一个海湾，那里遍布姿态各异的山岛，没有人知道这里究竟有多少座岛屿和山峰。这些小岛有的如奔腾的骏马，有的如浮在水面上的大鼎，有的如歇息的鹏鸟……最有名的是蛤蟆岛，酷似一只端坐在海面上的蛤蟆，嘴里还衔着一些青草，非常有趣。

传说在很久以前，从远方飞来一群白龙，见这里风光秀丽，便留了下来。它们一起翻腾嬉戏，将浪花化作如今的一座座奇异的山岛。

岛屿大不同

岛屿是海洋、湖泊和河流中四面环水的陆地，面积较大的称为“岛”，面积较小的称为“屿”。按成因可将岛屿划分为大陆岛、海洋岛和冲击岛。其中，海洋岛又按成因分为火山岛和珊瑚岛。

大陆岛

大陆岛是一种由大陆向海洋延伸露出水面的岛屿，世界上较大的岛多数是大陆岛。它是由于陆地局部下降或海洋水面上升而形成的，还有些大陆岛是**地质时期**大陆在漂移过程中被“甩”下的小陆地。

○ 岛屿之最

格陵兰岛是大陆岛，也是世界第一大岛，面积达 217.56 万平方千米。

○ 冰雪世界

全岛约4/5的地区处在北极圈内，气候寒冷，多暴风雪，全年气温基本处在0℃之下。全岛约85%的面积被冰雪覆盖，冰层平均厚1500米。

格陵兰岛的冰盖

格陵兰岛上的冰盖储水量约占世界淡水总量的 10%，如果全部融化流入海洋，会使全球海平面升高 5 米。

火山岛

火山岛主要由海底火山喷发物堆积成山，由露出海面的山顶所形成的岛屿。火山岛形成后，经过漫长的风化剥蚀，岛上岩石破碎并逐步土壤化，而且火山熔岩的残留物使土壤十分肥沃，因而火山岛上一般会有多种动植物生存。

基拉韦厄火山

基拉韦厄火山的活动极为频繁，曾经有 30 年喷发 50 次的纪录。

○ 夏威夷群岛位于太平洋中北部，由海底火山喷发、堆积而成，包括夏威夷、瓦胡等 8 个主要岛屿，以及 124 个小岛。

○ 夏威夷火山公园有两座世界著名的活火山：基拉韦厄火山和冒纳罗亚火山。

○ 基拉韦厄火山顶上的火山口直径达4000多米，内含许多小火山口，其中一个常年沸腾着炽热的岩浆，形成“岩浆喷泉”或“岩浆瀑布”，景观十分神奇。

珊瑚岛

珊瑚虫是海洋中的一种腔肠动物，它们在生长过程中能吸收海水中的钙和二氧化碳，然后分泌出碳酸钙，做成供自己生存的外壳。它们一群一群地聚居在一起，生长繁衍，同时不断分泌出碳酸钙，并黏合在一起成为石灰石。石灰石又经过长期的压实、固化，形成了今天的岛屿和礁石。

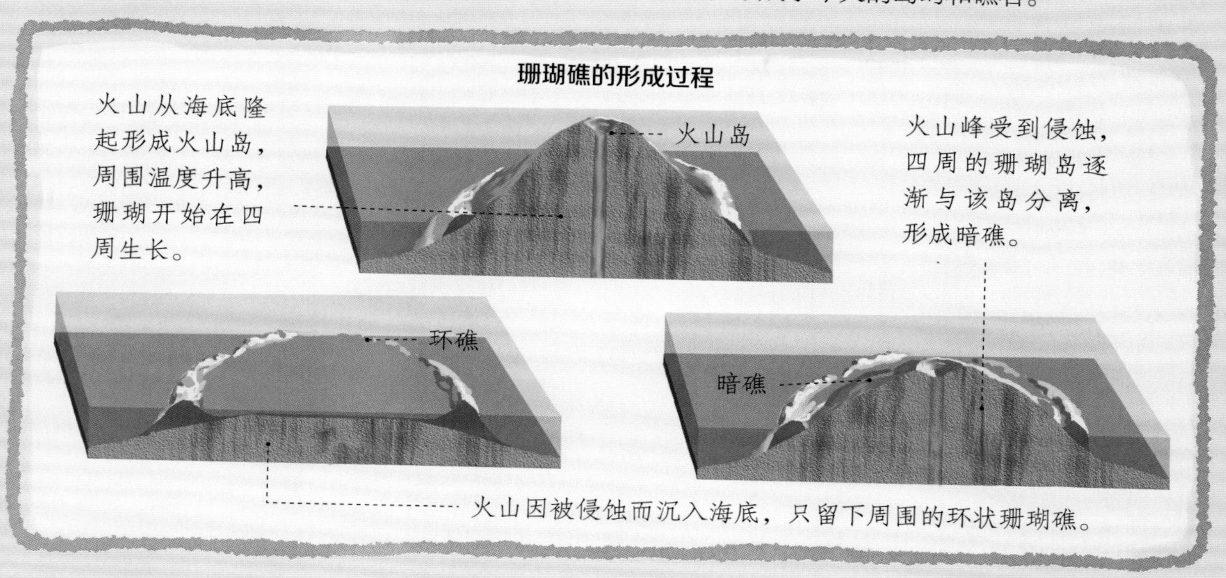

冲击岛

冲击岛又叫“堆积岛”，是在大河河口地区或河流、湖泊中泥沙堆积而成的岛屿。冲击岛地势低平，一般由沙和粘土等松散物质堆积形成，可以开发成农田。我国上海的崇明岛就是典型的冲击岛。

崇明岛

崇明岛是中国第三大岛和最大的沙岛，在上海市北部、长江出口处，东临东海，面积 1083 平方千米。岛上开发了东平国家森林公园和东滩鸟类国家自然保护区。

神秘海洋冒险

崇明岛由长江泥沙不断地冲击堆积而成，唐朝初年开始露出水面，直到宋、元之后才逐渐形成岛屿。近代以来，因岛的东西两端泥沙淤积很快，岛的面积日益扩大。

七彩珊瑚礁

马尔代夫是世界最大的珊瑚群岛。你了解珊瑚的世界吗？碧蓝透明的海水中有着各种形态的海洋生物，单是珊瑚就难以说尽。有些珊瑚像橘红色的花椰菜，有些有着彩虹般的鹿角，有的像鲜艳的花朵，其色彩丰富、造型千姿百态，令人惊叹不已，它们一起构成了奇异的海底花园。

珊瑚礁是怎么来的？

珊瑚虫聚居在一起，不断生长繁衍，同时分泌出碳酸钙，就形成了不同形状的珊瑚。随着珊瑚虫一代又一代的繁衍，这些珊瑚虫石灰石质的骨骼不断堆积，越堆越高大，日积月累，就成了珊瑚礁。

珊瑚是植物吗？

其实构成珊瑚的是一种海洋动物——珊瑚虫，珊瑚虫是一种有生命的腔肠动物，它们居住在海底及岩石表面，身体呈软管状，以周围的浮游生物为食。

筒状珊瑚

脑状珊瑚

脑状珊瑚看起来像“人脑”一样，表面呈波浪状，活的珊瑚虫表面有一层会发亮的活纤维，闪烁着不同的颜色，死亡后会留下白色的骨架。

泡泡珊瑚

这种珊瑚看上去像一个个小泡泡，白天有光照时它们会膨胀起来，呈白色或黄色气泡状，像珍珠一样晶莹剔透，晚上它们会出来觅食。

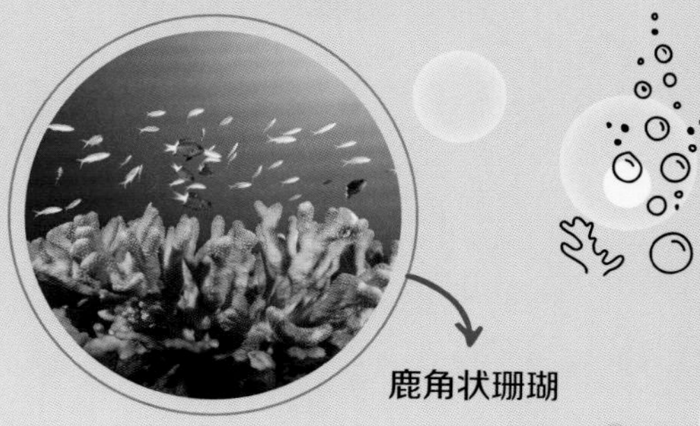

鹿角状珊瑚

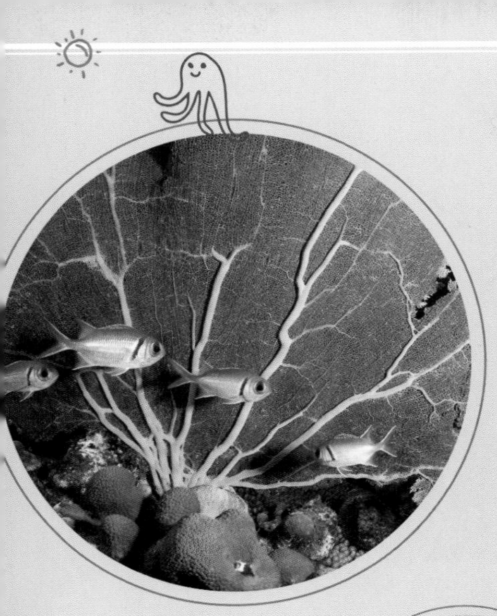

扇形珊瑚

扇形珊瑚为柳状珊瑚的一种，它们通常生活在更深的水域中，善于顺着水流生长，以便捕捉更多食物。外形呈树枝状，较脆弱，容易折断。有的可长到 3 米多高，像一把“大扇子”。

石芝珊瑚

石芝珊瑚长得很像蘑菇，又叫“蘑菇珊瑚”，可以缓慢移动，而且没有固定居所，喜欢独居。

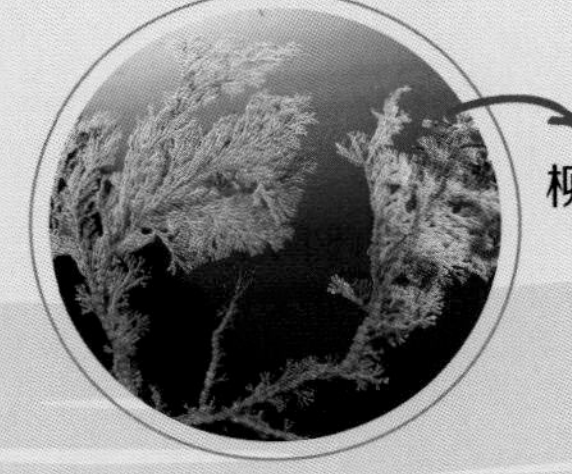

柳状珊瑚

硬珊瑚

硬珊瑚是建造珊瑚礁的主力，其钙质骨架会搭建成低平的石灰岩块，这类珊瑚群体中的大部分是由矿物质组成，多生活在较浅的水域。

软珊瑚

软珊瑚颜色美丽，部分软珊瑚是造礁珊瑚和水下花园的重要种类，柔软的珊瑚树主要靠体内的小硬穗支撑，外形分枝有弹性，适应能力强。

我的海洋课堂

珊瑚骨架的内外有粗细不等的环状生长纹，是珊瑚虫分泌骨骼留下的痕迹，可据此推断地球自转速度及其和日月之间距离的变迁，珊瑚因此被称作古生物钟。

穿越海峡看世界

我们都知道东南亚的“十字路口”——马六甲海峡，它是连接印度洋与太平洋的重要海上通道。没错，海峡就是海洋中连接两个相邻水域的狭窄水道，一般位于两个大陆、大陆与邻近的沿岸岛屿或者岛屿与岛屿之间。通常是交通要道和航海枢纽，又被称为“海上走廊”“黄金水道”。我们来看看世界上有哪些重要的海峡吧。

土耳其海峡俯瞰图

土耳其海峡

位置： 黑海—爱琴海—地中海之间

附近国家： 土耳其

重要性： 黑海出地中海的门户，亚洲和欧洲的分界线之一。

海峡特色： 土耳其海峡是地中海通往黑海的唯一海峡，因此也称黑海海峡。地理位置独特，是兵家必争之地。

直布罗陀海峡

位置： 伊比利亚半岛—非洲大陆之间，连通地中海和大西洋

附近国家： 西班牙、摩洛哥

重要性： 是欧洲和非洲的分界线之一，亚欧航线的必经要道。

海峡特色： 直布罗陀海峡的表层海水从西向东流，也就是从大西洋流向地中海，但海峡底部的海水却是从东向西流，也就是从地中海流向大西洋。

火地岛的灯塔

德雷克海峡

位置： 南美洲南端火地岛—南极洲南设得兰群岛之间，连通南大西洋和南太平洋

附近国家： 智利

重要性： 南美洲和南极洲的分界线，各国科考队赴南极考察的必经之道。

海峡特色： 是世界上最宽、最深的海峡，宽度达 900 ~ 950 千米，平均水深 3400 米，最大深度达 5248 米。

直布罗陀海峡俯瞰图

马达加斯加岛上的猴面包树

霍尔木兹海峡俯瞰图

莫桑比克海峡

位置： 非洲大陆东南岸—马达加斯加岛之间，连通南大西洋与西印度洋

附近国家： 莫桑比克、马达加斯加

重要性： 这里是从南大西洋到印度洋的海上交通要道。

海峡特色： 它是世界上最长的海峡，长约1670千米。中国明朝时期著名的航海家郑和下西洋时就曾经过这里。

霍尔木兹海峡

位置： 伊朗—阿拉伯半岛之间，连通波斯湾和阿曼湾

附近国家： 伊朗、阿曼

重要性： 波斯湾通往印度洋的咽喉，是进入波斯湾的唯一水道。它是中东海湾地区石油输往世界各地的唯一海上通道，因此被誉为西方国家的“海上生命线”。

海峡特色： 世界著名的“石油海峡”。

白令海峡

位置： 楚科奇半岛—阿拉斯加半岛之间，连通北冰洋和太平洋

附近国家： 俄罗斯、美国

重要性： 亚洲与北美洲的分界线，是北冰洋通往太平洋的唯一航道。

海峡特色： 位于亚洲的最东端、美洲的最西端，是北美洲和亚洲之间的最短海上通道，国际日期变更线也在此处划分。因此，在两个相距仅有4千米的地方，却隔着一天的日期。

马六甲海峡

位置： 马来半岛—印度尼西亚苏门答腊岛之间，连通南海和安达曼海

附近国家： 马来西亚、印度尼西亚、新加坡

重要性： 太平洋—印度洋之间航运的咽喉要道，是亚洲、非洲、大洋洲、欧洲沿岸国家往来的重要海上通道。由于独特的地理位置及繁忙的海上运输，它被誉为“海上十字路口”。

海峡特色： 马六甲海峡就像是横在马来半岛与苏门答腊岛之间的一个“大漏斗”，东南窄、西北宽，海峡全长约1080千米，通航历史达2000多年。由新加坡、马来西亚和印度尼西亚三国共同管辖。

马六甲海峡港口

海洋家族成员

陆地上有狮子、豹子等哺乳动物，在海里和海岸边也生活着海狮、海豹等哺乳动物，还有“小猪”呢。当然，“小猪”的名字不叫海猪，而是海豚，因为“豚”就是“猪”的意思。

“高智商”的大海精灵

发现美食，大家快来！

海豚与巨大的鲸属于同一个家族。全世界共有 30 多种海豚，从温暖的赤道海洋到寒冷的**北极地区**，都能听到海面上欢快的海豚叫声，那是它们在向同伴发出信号。这些叫声的含义各不相同，有的是在向同伴自我介绍，有的在告知同伴发现食物了，有的则是向同伴求救……

海豚能够靠叫声相互沟通，得益于海豚的“高智商”。海豚的大脑结构复杂，其智力远远超过其他哺乳动物。它们的学习能力很强，温驯善良，经常积极救助落海的弱小动物和人类。

我的名片

家族：脊索动物门，哺乳纲，鲸目，海豚科

分布地区：全球热带海域

主要食物：鱼、虾、乌贼等

身长：1.5 ~ 2 米

水陆两栖的海狮

海狮吼声如狮，有的海狮颈部长有较长的鬃毛，非常像陆地上的雄狮，所以叫海狮。它们的四肢都呈较长的鳍状，很适合在水中游泳。海狮的后肢能向前弯曲，使它们能够在陆地上更加灵活地行走，还能像小狗一样蹲在地上。海狮主要生活在南极的海岛，磷虾是它们生活的主要食物。

我的名片

家族：脊索动物门，哺乳纲，鳍足目

分布地区：世界各地的海洋

主要食物：鱼类、蚌、乌贼、海蜇、磷虾

身长：2.5 ~ 3.25 米

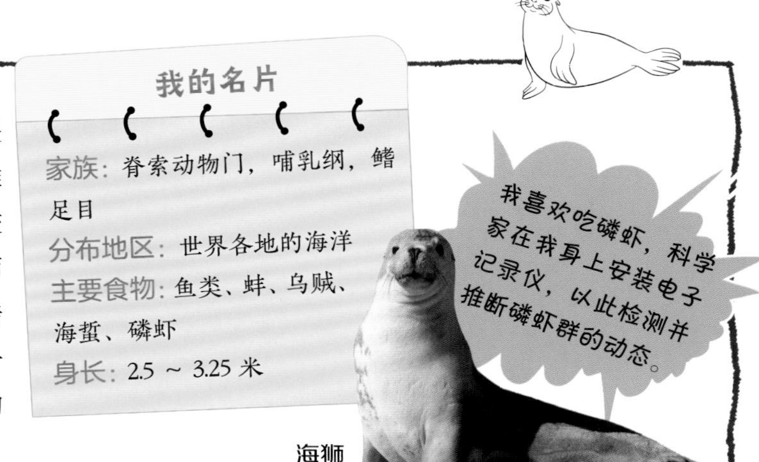

VS

海豹没有外耳。

海豹的身体是胖乎乎的纺锤形。

海豹

前肢短而宽。

海豹的后肢与尾连在一起，无法在陆地行走。

我的名片

家族：脊索动物门，哺乳纲，鳍足目，海豹科

分布地区：温带和寒带沿海

主要食物：鱼类、甲壳、贝类

身长：1 ~ 1.5 米

蠕动爬行的海豹

海豹种类众多，长着胖乎乎的**纺锤形身体**，圆圆的脑袋上长着一双又黑又亮的眼睛。它们鼻孔朝天，嘴唇中间有一条纵沟，很像兔唇，唇上还长着长长的胡须。海豹短胖的前鳍肢非常灵活，游泳时用来划水，能抓住猎物进食，甚至还能用来抓痒。

海豹在岸边产崽，一胎产一崽。小海豹身上长着柔软而洁白的毛。雌海豹对幼崽非常疼爱，时刻精心看护着它们。当成群的海豹在岸上晒太阳时，几只雄海豹负责海豹群的安全，雌海豹则将小海豹搂在怀中。一旦发现危险来临，雌海豹会立刻抱着小海豹逃入大海。

海洋是个聚宝盆

从太空飞船上俯瞰地球，你可以清楚地看到，在我们居住的这个美丽星球上，只有大约1/3是陆地，海洋则几乎占据了总面积的2/3。在那一望无际的蓝色海洋深处，除了水，还有石油、天然气、煤等能源，以及黄金、珍珠、水晶等珍宝……

盐场里结晶出来的盐堆

食盐是人们日常饮食中不可缺少的调味品，摄入量不足或过量均对健康不利。

盐——海水结晶产物

一个人每天都需要摄入适量的盐才能维持正常的体能。作为我们身体不可或缺的养分之一，盐从哪里来呢？没错，主要从海洋来！人们在海边设置一方方盐池拦截海水，经过太阳的照射，海水蒸发晒干后就会**溶解**出粗盐，再运到工厂进行结晶处理，最后就能产出供人们食用的精盐了。虽然从1吨海水里只能得到30千克左右的粗盐，但别忘了，地球上绝大部分都是海水哟！

潜洋入海寻石油

对于人类社会来说，石油是一种极其重要的能源，它不仅可作为燃料油、汽油等，也是化肥、杀虫剂、塑料等化工业产品的原料。只不过石油是不可再生资源，随着天长日久的开采，陆地上的石油储备已经日渐稀少了。幸而科学家已经发现，在海洋深处蕴藏着非常丰富的石油资源，并且其总量是陆地上石油资源的数倍。

海洋石油开采为人类生活提供了能源便利，但也存在对环境的污染问题。海上石油污染主要发生在河口、港湾及近海水域、海上运输线和海底油田周围。

大海里的“珠光宝气”

浩瀚的海洋真是一座天然宝库，不仅有琳琅满目的珍珠、水晶等，还盛产黄金！因为海底底层蕴藏着巨量天然的金砂，加上从世界各河流流入海里的含金矿砂，以及从古至今坠入其中的宇宙陨石、沉没在海里的船只等，大海里的黄金**宝藏**可谓十分丰富。

天然珍珠

砂粒等异物进入珠母贝类的外套膜，刺激其外表皮，并陷进外套膜的结缔组织，形成珍珠囊并分泌珍珠质，逐渐沉积为天然珍珠。

海珍珠也被称为海珠、南珠，一般为规则的正圆形，个头儿较大。每一颗海珍珠就是一个“细胞”，其直径大约有 2 ~ 3 厘米，是世界上最大的细胞之一。它最特别的本领是能够再生，要是将一颗海珍珠戳破，它会立刻分裂成几百粒小珠子，再分别成长为新的海珍珠。

紫水晶

神秘海洋冒险

海洋里的水占地球总水量的 97%，可惜其中能被我们饮用的仅占很少很少的 2%。将海水脱盐、去除矿物质，并从中取得淡水的过程就是海水淡化。海水淡化技术包括太阳能法、海水冻结法、蒸馏法、反渗透法等多种。目前全世界上百个国家和地区都已饮用淡化水。

海底鱼群

世界四大渔场

秘鲁渔场位于南美西岸秘鲁附近，宽约 370 千米，盛产凤尾鱼等 800 多种鱼类及贝类。

日本的北海道渔场被誉为世界第一渔场，盛产鲑鱼、鲱鱼、秋刀鱼等鱼类。

英国的北海渔场鲜鱼产量占世界产量的一半，盛产鲱鱼、鲐鱼等，以及龙虾、牡蛎和贝类。

加拿大纽芬兰渔场昔日盛产鳕鱼，曾有“踩着鳕鱼群的脊背就可上岸”的说法。

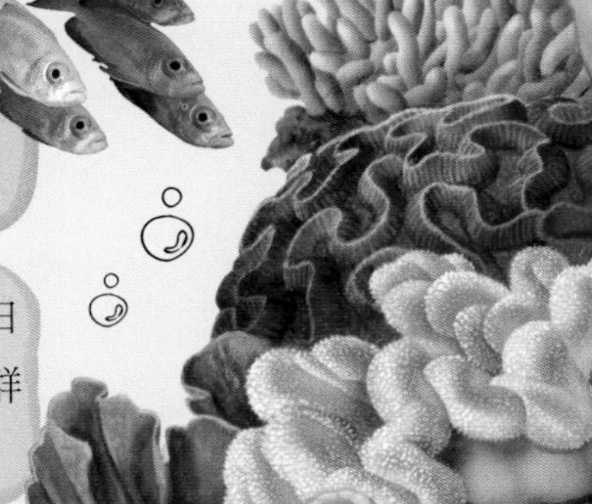

洋流是世界各大渔场形成的缔造者。遗憾的是，因为**环境污染**等缘由，四大渔场均风光不再，纽芬兰渔场甚至已消亡不见。

珊瑚礁里的精灵

美丽的珊瑚礁中生活着很多不同种类的鱼，它们的体色大都艳丽，有些可以随环境的变化而变化。这是由于在它们的体表有大量的色素细胞，在神经系统的控制下，可以自由地展开或收缩，从而呈现出不同的颜色，以便于伪装自己。

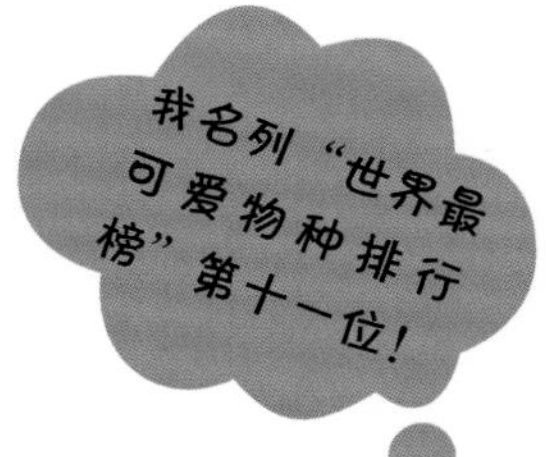

穿花衣的小丑鱼

小丑鱼是海葵鱼的一种，体色鲜艳夺目，通体呈橘黄色，身上由三条镶着黑边的白斑纹环绕。由于它们身上**色彩斑斓**，像马戏团里化过妆、穿上表演服的小丑，因此被称为“小丑鱼”。

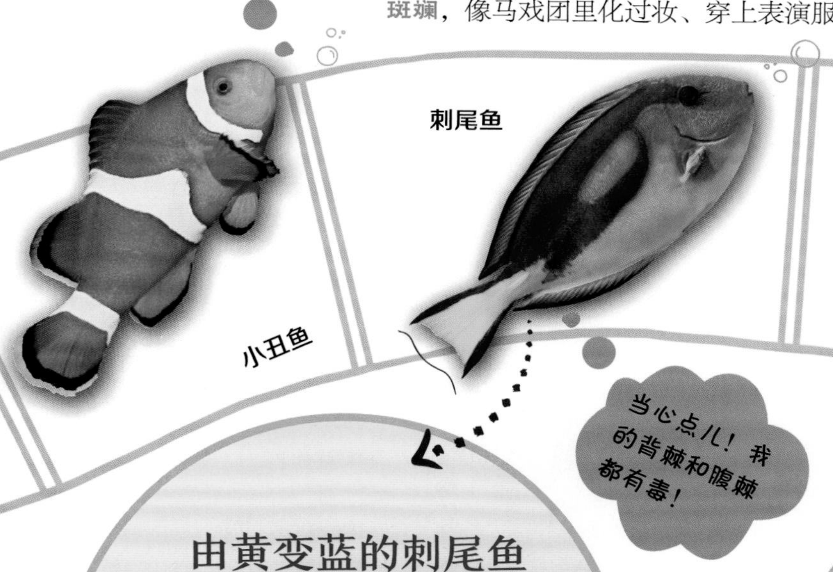

我并不想被圈养！

蝴蝶鱼

由黄变蓝的刺尾鱼

刺尾鱼身体肥厚，但鱼身很窄，具有斑斓的色彩。它们小的时候是黄色的，在长大的过程中逐渐变成蓝色。在它们的尾端长着两片交叠着的骨片，当遇到威胁时，它们会来回挥动骨片，划伤对方。

美丽动人的蝴蝶鱼

蝴蝶鱼有着缤纷的色彩，就像陆地上的蝴蝶一样美丽动人。它们用尖尖的嘴啄食附在珊瑚礁或岩石上的小生物。由于它们外表美丽，常被人们作为观赏鱼饲养。

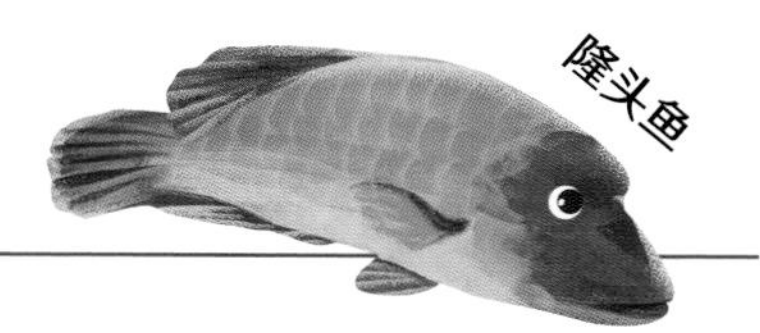

神秘海洋冒险

石斑鱼

鱼类和人类一样，也会因遭到微生物和寄生虫的侵害而生病。隆头鱼是个“鱼医生”，常到石斑鱼嘴里去吃寄生虫。这样一来，石斑鱼免除了病痛之苦，隆头鱼也获得了美味佳肴。

奇妙的蓝环神仙鱼

在蓝环神仙鱼的身上有一条条闪亮的蓝色条纹，肩部有一个蓝色的环，因此得名“蓝环神仙鱼”。

我的脾气是肉眼可见的爆！

不怕硬的刺鲀

刺鲀上下颚的底部连在一起，嘴部前端形成一整圈坚硬的齿块，齿块后面还有一片专门用来压碎食物的硬板，因此再尖、再硬的食物它们都不怕。它们最喜欢吃有硬壳的贻贝和其他贝类以及硬的珊瑚，甚至连浑身是刺的海胆也敢吃。

我的领地意识非常强！

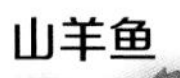

刺鲀

大斑刺鲀

山羊鱼

蓝环神仙鱼

鹦嘴鱼

长胡须的山羊鱼

山羊鱼又叫“秋姑鱼”，颏部长着两根长长的像山羊胡一样的须子，不用时平伏于喉沟中。它们经常会成群地在珊瑚礁附近的泥沙地上出现，利用它们的触须翻搅沙石来寻找藏身在这里的底栖生物。它们是海底的“清道夫”。

鹦嘴鱼嘴部特写

用嘴刮食的鹦嘴鱼

鹦嘴鱼的嘴很坚硬，由一排牙齿融合而成，它们会从岩石上刮取海藻或珊瑚虫作为食物，像贝类、海胆等无脊椎动物也是它的食物。

千差万别的棘皮动物

棘皮动物分布在温带、亚热带和热带海洋中，它们或是固定在海床上，或是在海底漂游。现存的棘皮动物大约有 6000 种，包括常见的海胆、海星、海百合、海蛇尾和海参。

海底“仙人球”

海胆的身上长着许多刺，活像一个仙人球。它们喜欢在海藻丰富的礁林、石缝中安家，特别爱吃海带、裙带菜以及浮游生物。跟刺猬一样，当遇到敌害时，海胆也会拼命缩紧身体。

海胆

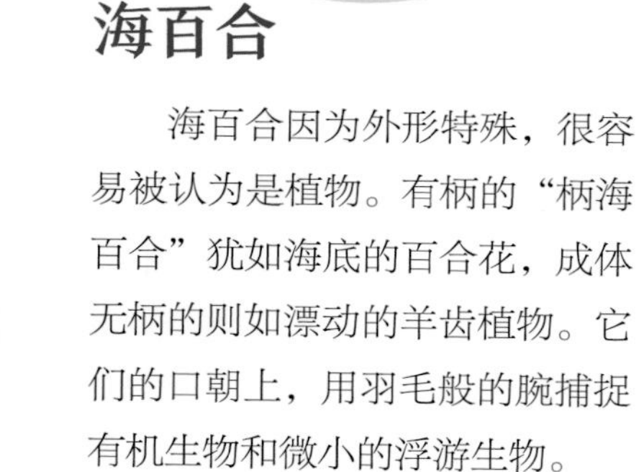

海百合

海中“五角星”

如果你看到五角星状的海洋动物，那很可能是一种棘皮动物。海星很小的时候，身体呈左右对称。长大后，身体从中央伸出 5 个相等的部分，呈**辐射对称状**，变成了美丽的“五角星”。

海星

海百合

海百合因为外形特殊，很容易被认为是植物。有柄的“柄海百合”犹如海底的百合花，成体无柄的则如漂动的羊齿植物。它们的口朝上，用羽毛般的腕捕捉有机生物和微小的浮游生物。

棘皮界“寿星”

海蛇尾的外形与海星非常相似，但它比海星的腕更加纤长，且可以灵活弯曲，运动能力很强，能像蠕虫一样蠕动，也能像蛇一样蜿蜒前行，这也是其名“蛇尾”的由来。目前已知的海蛇尾种类有 2000 多种，是棘皮动物家族中兄弟姐妹最多的一种，它们以海底淤泥中的有机物为食，可以活 20 ~ 25 年，可以称得上无脊椎动物中的“寿星”了。

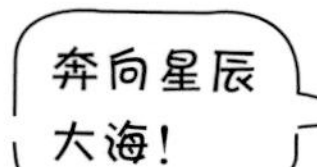

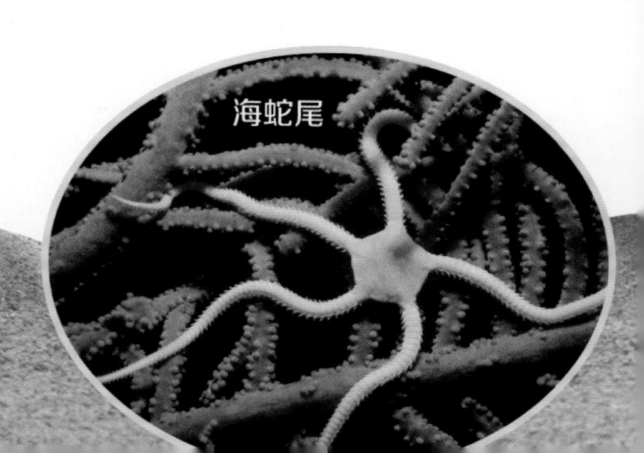

海蛇尾

刺参

刺参体形呈圆筒状，背面隆起，有许多刺状突起，像是一根带刺的香肠。它们白天待在乱石缝隙间，夜间依靠管足与身体的收缩缓慢爬行寻找食物。它们主要通过粗糙的皮肤和刺突来自卫。

刺参

海参

海参对水质环境很敏感，它们在被污染的海水中几乎很难存活。

神奇的自卫方式

海参生活在水中，具有自己独特的自卫方式。如果受到惊吓或威胁，海参会把所有内脏抛出体外，弄成黏糊糊、乱糟糟的一堆，趁捕猎者迷糊之际，海参靠管足爬走逃命。抛出内脏并不会让海参死去，过不了多久，海参又会长出新的内脏。

海百合化石

在距今 5.7 亿年的寒武纪，棘皮动物就出现在地球上了，现已发现的化石达 1.3 万种。

外观差异大

棘皮动物虽是同类，但它们的外观千差万别，有星状、球状、圆筒状和花朵状等，整个身体呈辐射对称状，也因为如此，它们的身体有口面和反口面之分。

神秘海洋冒险

棘皮动物的呼吸系统并不像它们的骨骼那样发达，它们一般通过身体表面的氧气扩散进行呼吸。比较特殊的是，海星呼吸靠皮鳃，海胆则靠围口腮，这可以增加它们呼吸的能力和面积。一些海参拥有特殊的呼吸器官——呼吸树，又叫水肺。

多功能的水管系统

棘皮动物的水管系统由位于背面的筛板、向下的一段直管、储水库及 5 条辐管组成，辐管末端开成管足。这个复杂的“水管系统”是它们运动、进食、感觉、呼吸和挖巢穴的重要器官。

发达的骨骼

棘皮动物的骨骼很发达，由钙化的小骨片组成。如海星和海蛇尾的腕骨呈椎骨形状，便于弯曲运动。海胆的骨骼是棘皮动物中最发达的，它们长在一起就像水瓶胆。海参的骨骼散布在体壁中，是棘皮动物中最不发达的。棘皮动物的表皮带棘刺，其中，海星和海胆的棘刺因变形而呈现球状或叉状。

海星的球状棘刺

千奇百怪的浅海鱼类

在浅海有许多奇形怪状的鱼，正是因为有了这些生物，沉寂的海洋才会如此神奇而美丽。

有毒的蓑鲉（suō yóu）

穿着华丽外衣的蓑鲉有着比较大的鳍，但它不善于游泳，往往躲在礁缝中，等猎物接近时才伺机行动。蓑鲉的背鳍长有**毒刺**，平时被一层薄膜包围着，当遇到敌害时，膜便破裂，露出毒刺来攻击对方。

蓑鲉

游得最快的鱼

旗鱼是世界上游得最快的鱼，时速最快可达 110 千米。它的尾部主要由鳍条构成，几乎没有肌肉，鳞片也很少。尾鳍狭长，呈弯月形，分叉很深，适合高速游泳。

背鳍长而高，呈帆状，旗鱼便因此得名。

身体呈侧扁的圆筒形

尾鳍轻大，是它飞速游弋的动力装置。

旗鱼

谁说鱼儿不能飞

飞鱼的胸鳍很宽很长，极像鸟的翅膀。当它们破水而出时，就将胸鳍展开呈扇形在水面滑翔，姿势极其优美。当在水中游泳时，它们的胸鳍则会贴着身体折叠起来。

飞鱼

飞鱼在逃避敌害时，可以利用发达的肩带、胸鳍、腹鳍和尾鳍跃出水面后滑翔，最远可达 100 米以上。

“骨骼清奇”的鲟

鲟的尾鳍很短，尾鳍上叶有多行硬鳞。它们的脊椎到了尾部就开始向上延伸，成为尾鳍上叶的主干。而构成两片鳍叶的鳍条大多由脊椎下方的组织发育而成，脊椎上方组织只发育成尾部尖上的一小部分鳍条。

口完全张开可接近直角。

鲟

吻部尖长，呈矛状，可用于攻击。

鲟鱼为鱼中上品，肉质鲜美，由其鱼卵所制的鱼子酱更是有“黑色黄金”之称。

电鳐的发电器就像串联的蓄电池，放电受大脑神经控制。

能放电的电鳐

电鳐的发电器官在身体中线两旁，能放出 80 伏特的电压，最高可达 200 伏特。电鳐身上的发电器官有许多是由**肌肉纤维**演变成“电板”。电鳐体内共有 200 万块“电板”，尽管单个“电板”的电压不高，但是把它们串联起来，就会产生很强的电压。

电鳐

会跳舞的鳗鱼

鳗鱼在水里游泳是靠身体不停地左右扭动而产生前进的推力。有趣的是，它们还可以做出反方向的“S”形波浪动作，由尾部开始摆动，延伸到头部，倒着游。

鳗鱼

最不像鱼的鱼类

海马是最不像鱼的一种鱼，它的头像马头，尾巴像猴子的尾巴，眼睛像变色龙的眼睛，整个身体就像个木雕。海马以“直立”的方式游泳，利用背鳍的摆动向前推进，微小的胸鳍用来调整前进的方向。海马没有腹鳍和尾鳍，但有一条细长灵活的尾巴，在海草上固定身体。

海马

海马是地球上唯一由雄性生育后代的动物。

当心！鲨鱼出没

鲨鱼是海洋鱼类中最为可怕的“恶魔”，它们锋利尖锐的三角形牙齿，不仅令其他鱼类惧怕，也令人类深感恐惧。鲨鱼都有一层坚固的皮，上面覆盖着牙齿状的鳞片，尾部通常向上翘起，肌肉强健有力，还长着一副宽大呈新月形的嘴巴。不过并非所有的鲨鱼都嗜血成性，在目前确认的 300 多种鲨鱼中，只有 30 多种对人类存在一定的威胁。

猎手的做派

所有的鲨鱼都是高明的捕食者。很多鲨鱼，如蓝鲨，身体光洁滑溜，便于迅速出击追杀猎物。另外一些鲨鱼，如须鲨，并不十分活跃。这种鲨鱼身体扁平，常趴在海底，把自己伪装成长满海藻的岩石，伺机猎杀路过的鱼类。

海洋杀手——大白鲨

大白鲨体形庞大，一般有 7 米长，最长的可达到 12 米。它们是鲨鱼家族中最有名的杀手，嗜血成性。它们不但捕杀海豚、鱼和海龟，还会攻击人类。大白鲨广泛分布于印度洋、大西洋和太平洋水域。

与众不同的鳍

鲨鱼的鳍包括一对胸鳍、一对腹鳍、两个背鳍和一个尾鳍。它们的背鳍可以控制方向、调节潜水深度和保持平衡；而胸鳍就像飞机的翅膀一样，可以提供浮力，并且对把握方向及“刹车”有帮助；尾鳍是鲨鱼的动力推动器，提供穿过海水的推力。鲨鱼通过“S”形扭曲身体和左右摆动尾鳍在水中前进。但多数鲨鱼不能倒退，因此，一旦误入网中，便难以脱身了。

鲨鱼鳍

灵敏的嗅觉

鲨鱼的嗅觉极其灵敏。一条鲨鱼能够嗅到在游泳池那么大体积水中滴入 10 滴金枪鱼肉汁的味道。同时，也能够闻到 500 米以内血液的味道。它们的鼻子对血腥的气味极其敏感，一旦嗅到血液的气息，它们就会蜂拥而至。它们还能通过身体侧面的感觉器官——侧线，探测到猎物游动时产生的细微震动。

令人恐惧的牙齿

鲨鱼一生都在“换”牙。它们的牙齿有好几排，从颌内一直长到颌边。因为它们的下颌与头骨连接疏松，所以鲨鱼的嘴巴可以张得很大捕食猎物。鲨鱼在撕咬猎物时，一些尖锐的牙齿会脱落，这是因为这些牙齿是长在皮肤里的。旧的牙齿脱落了，又会有新的牙齿来替代。有些鲨鱼一生中要脱落、更换 3 万多颗牙齿。

鲸鲨驾到，通通闪开！

现存最大的鱼类

鲸鲨是最大的鲨鱼，也是现存世界上最大的鱼类，一般体长 10 米左右，最长的可达 20 米，体重最重可达 20 吨。鲸鲨性情温和，常静息于海面上晒太阳，以浮游生物、甲壳类、软体动物等为食，有时也追逐鱼群。

我的名片

家族：脊索动物门，软骨鱼纲，鲨形总目

分布地区：活动范围很大，人类对其地理分布尚未完全了解

主要食物：鱼类、乌贼、浮游生物

鲨鱼也可能会被淹死

生活在开阔水域的鲨鱼必须不停地游动，否则就会被淹死。因为鲨鱼没有鳔，游动时靠它油性的肝脏保持浮力，如果它们停止向前游，就会下沉。鲨鱼脑后两侧各长有 5 ~ 7 个鳃裂，持续不断地游动使海水由嘴部流入，再经鳃裂流出，为鲨鱼带来维持生命的氧气。

奇幻的水母世界

水母是一种低等的腔肠动物，也是海洋中重要的大型浮游生物。水母的身体里95%以上都是水，由内、外两胚层组成，两层间有一个很厚的中胶层，不但透明，而且有漂浮作用。水母的外形多样，有的像雨伞，有的像硬币，有的像帽子，十分漂亮。

形形色色的水母

水母种类繁多，全世界有1000种左右。人们根据它们的特点来分类：有的会发银光，叫银水母；有的像和尚的帽子，叫僧帽水母；有的好似船上的白帆，叫帆水母；有的宛如雨伞，叫雨伞水母；有的则闪耀着彩霞般的光芒，叫霞水母；还有一种水母因夏秋两季浮于水面，状如明月，所以叫海月水母。

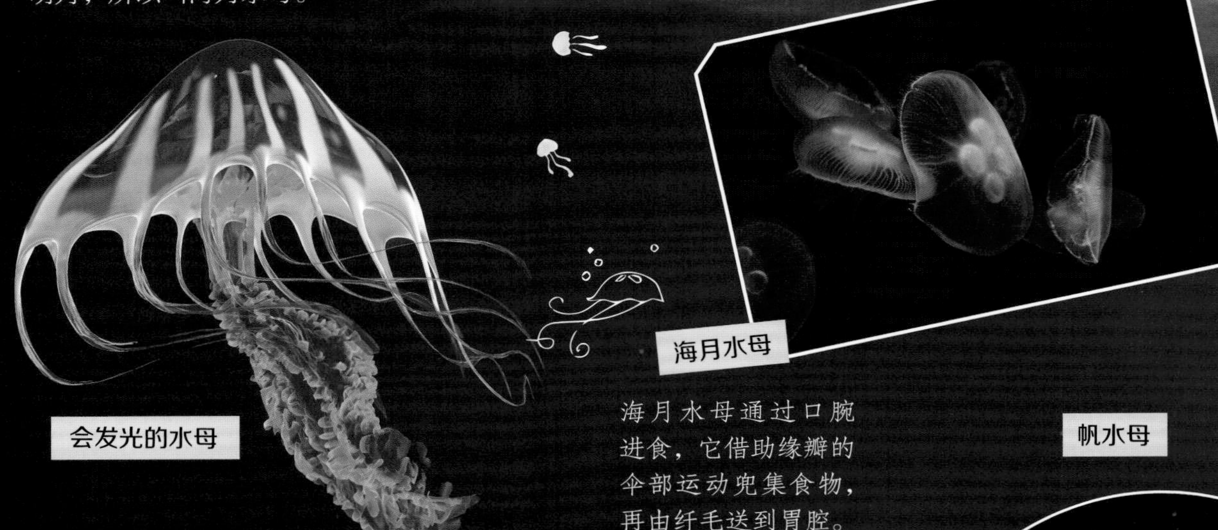

会发光的水母

海月水母

海月水母通过口腕进食，它借助缘瓣的伞部运动兜集食物，再由纤毛送到胃腔。

帆水母

有毒的触手

水母漂亮的外表下隐藏着一颗“狠毒的心”——它的触手上长满了刺细胞，刺细胞里有毒刺和装有毒液的囊。猎物一旦碰到触手，触手上的刺细胞就会将毒刺刺入猎物身体，使其中毒而死。这种毒液非常厉害，甚至会危害人的生命。

狮鬃水母是世界上体形最大的水母之一，它的触手很多，最长可达 30 米，且有毒。

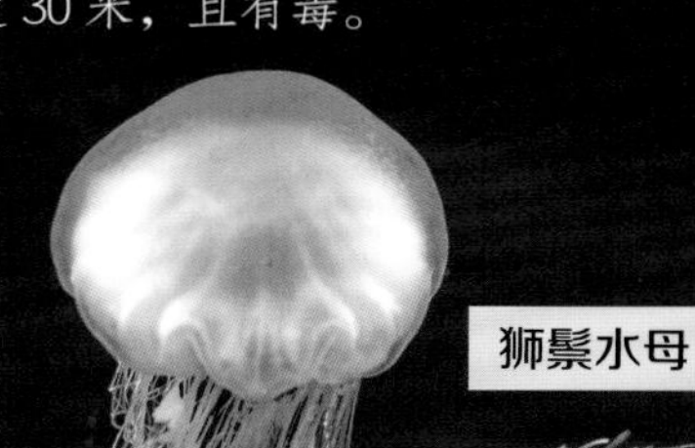

狮鬃水母

预知风暴

水母触手中间的细柄上有一个小球，里面有一粒小小的听石，这是水母的“耳朵”。海浪和空气摩擦时会产生次声波，次声波能冲击听石。这样，水母便在风暴来临前的十几个小时就能够得到信息，迅速撤退。

帕劳水母湖的无毒黄金水母

水母湖位于太平洋西部的帕劳群岛，湖里生活着上百万只黄金水母。由于与外海隔绝，湖中的大多数海洋生物都已消亡，只留下没有天敌的水母，它们逐渐丧失了用以自卫的毒素，因此成了世界上独一无二的无毒水母。

霞水母

霞水母是中国沿海常见的水母种类，主要有 4 种。其伞体扁平呈圆盘状，伞径 13 ~ 23 厘米，少数达 50 厘米。

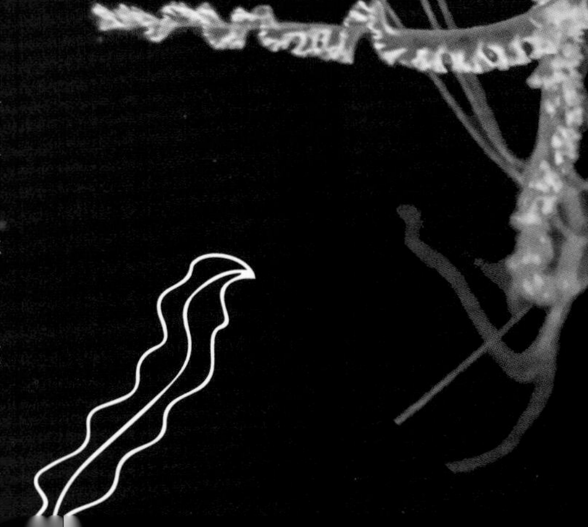

隐形杀手

箱型水母又叫“海黄蜂”，和其他水母一样，箱型水母长着透明的伞盖和无数细长的触须。因为它的身体本来就充满海水，所以，每当箱型水母展开身体在水中飘荡，就好像变成了一张塑料膜，一下子隐藏在了海水中。这样的隐身技能，其他的动物可没有。

毒液是箱型水母的保命器，不只是鱼虾难以抵抗，就算是人被刺中了，过不了几分钟也会死亡。

柔软的海洋猎手

章鱼和乌贼是生活在海洋里的软体动物。它们的头很大，视觉非常发达，嘴巴周围还长有一圈腕，腕顶端有吸盘。捕猎时，它们用带有吸盘的腕牢牢吸住猎物，然后就可以慢慢享用美味了。它们移动时先将水吸入套膜腔内，然后再将水喷出，以反方向推动身体向前。

变色也是一项绝活儿

章鱼和乌贼可以随时变换身体颜色，这是因为它们的皮肤下面有很多**色素细胞**，而这些色素细胞的细胞膜都富有弹性，能改变体色的深浅。章鱼的神经系统非常发达，对外界的动静极为敏感。因此，它们可以通过变色来适应不同的外部环境，同时也能恐吓敌人。

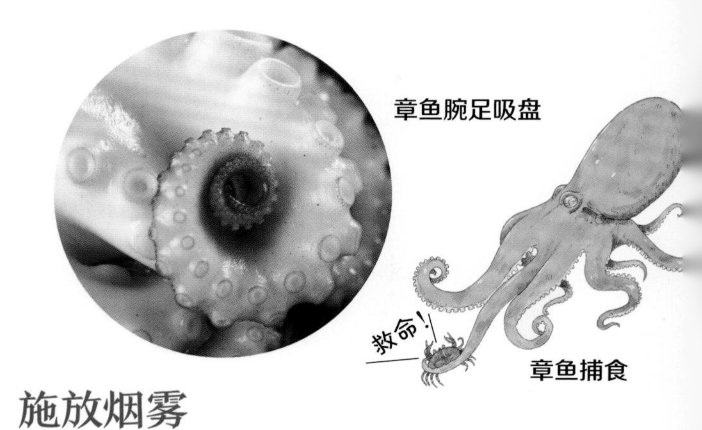

章鱼腕足吸盘

章鱼捕食

章鱼变色

章鱼体内有很多色素细胞，能随肌细胞的伸缩忽大忽小。当章鱼有恐惧、激动、欢乐或喜悦的情绪变化时，色素细胞颜色也会变换，使身体色彩斑斓。

施放烟雾

章鱼和乌贼的体内都有墨囊，里面的墨汁含有毒素。在遇到敌害或危险时，它们会收缩墨囊，射出墨汁，就像放烟幕弹一样。霎时，海水一片漆黑，它们便趁机逃之夭夭。它们还能利用墨汁中的毒素麻醉小动物。

恐怖的蓝环章鱼

热带蓝环章鱼含有剧毒，猎物一旦被它咬中就会中毒身亡。即便是一名成年人被咬中，也会在几分钟内毒发身亡。

伟大的母爱

雌章鱼恐怕是世界上最富有牺牲精神的母亲，它们一生只产一次卵。在卵的孵化期内，章鱼妈妈始终寸步不离地守着洞穴，不仅要保护卵的安全，**驱赶入侵者**，还要不停地摆动触手，保证洞内水质新鲜，使还在卵中的宝宝有足够的氧气。经过 4 ~ 6 周不吃不睡的煎熬，小章鱼终于出生了。而此时章鱼妈妈也会因为筋疲力尽而死去。

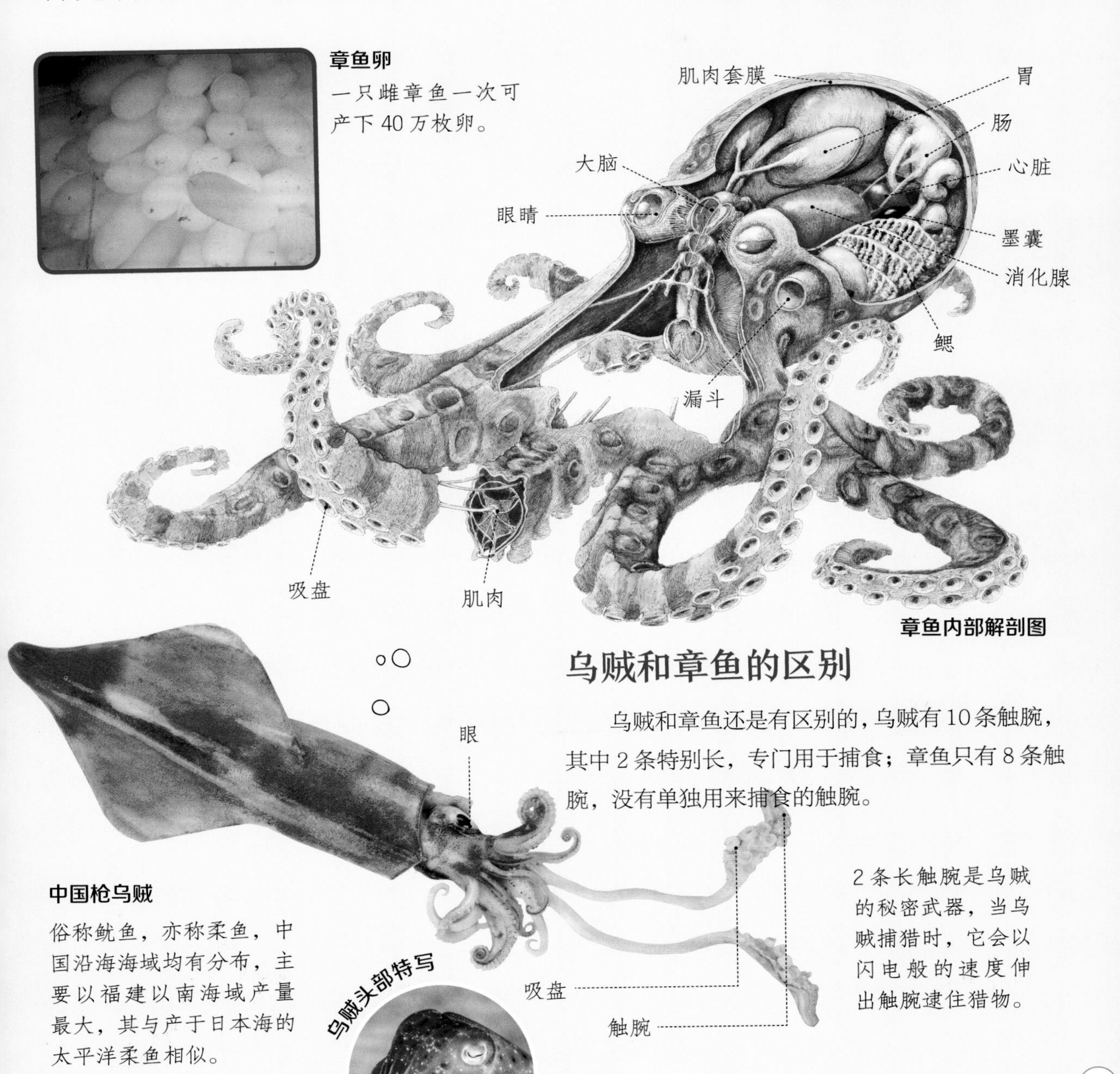

章鱼卵

一只雌章鱼一次可产下 40 万枚卵。

章鱼内部解剖图

乌贼和章鱼的区别

乌贼和章鱼还是有区别的，乌贼有 10 条触腕，其中 2 条特别长，专门用于捕食；章鱼只有 8 条触腕，没有单独用来捕食的触腕。

中国枪乌贼

俗称鱿鱼，亦称柔鱼，中国沿海海域均有分布，主要以福建以南海域产量最大，其与产于日本海的太平洋柔鱼相似。

2 条长触腕是乌贼的秘密武器，当乌贼捕猎时，它会以闪电般的速度伸出触腕逮住猎物。

潜水

潜水装备大展

深不可测的海底世界，一直是人类梦想探索的神秘王国。为了走进海洋，聪明的人类发明了潜艇和水下机器人。

海底的鱼

水肺

水肺是指设备齐全的水下呼吸调节器，由法国探险家雅克·库斯托在1942年发明。呼吸调节器能控制空气的流量，使潜水者能呼吸到与地面气压相等的空气。有了水肺，潜水员就可以轻松地潜入到30米以下的海底，亲眼看看海底世界，这为我们了解海洋提供了极大的帮助。

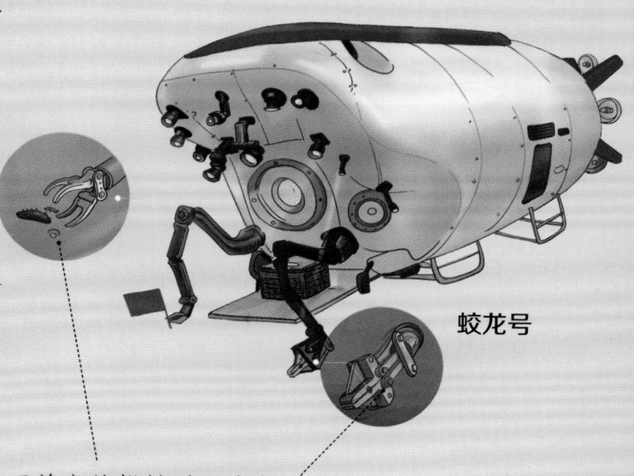
蛟龙号

这两只位于正前方的机械手用来帮助“蛟龙号”拿取物体、采集样品。

我的海洋课堂

2012年6月，中国载人浅水器“蛟龙号”在马里亚纳海沟创造了下潜7062米的潜水纪录，轰动世界。

2020年10月27日，“奋斗者号”在马里亚纳海沟成功下潜10058米，创造了中国载人深潜的新纪录。

2020年11月10日，“奋斗者号”再次下潜马里亚纳海沟深达10909米，带回了水下岩石和生物等珍贵样品。

笨重的潜水装备

1872年，法国人制造出了一种金属头盔式潜水服，并在潜水服上安装了呼吸瓶。呼吸瓶可为潜水员提供在水下停留所需要的氧气。1939年，又出现了一种头盔、衣服和空气压缩泵联成一体的潜水服，使潜水员进入水中的深度和停留时间又增加了，这种潜水服一直沿用至今。

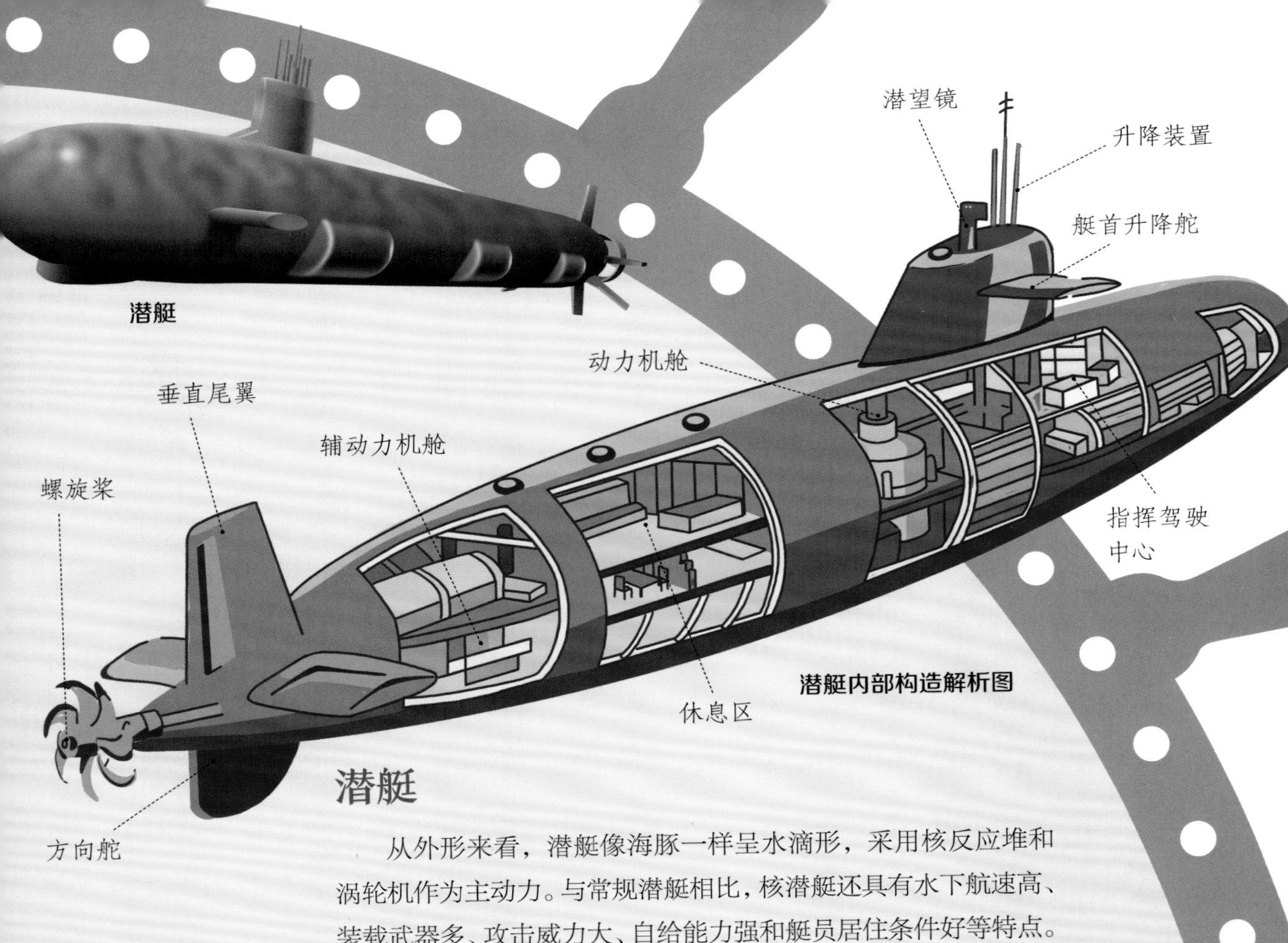

潜艇

从外形来看，潜艇像海豚一样呈水滴形，采用核反应堆和涡轮机作为主动力。与常规潜艇相比，核潜艇还具有水下航速高、装载武器多、攻击威力大、自给能力强和艇员居住条件好等特点。潜艇是中国海军的重要作战武器，中国海军常规潜艇的数量仅次于美国和俄罗斯，位居世界第三。

神秘海洋冒险

水下摄影机有一个密封的机壳，机壳可以承受规定深度的水压，能够防腐蚀，在水中有很好的稳定性、平衡性，操作起来简便灵巧。有了它，摄影者不用直接潜入水中，便可以对水面以下的景物进行拍摄。

弱光层奇遇记

弱光层是海洋里从光明向黑暗过渡的地带，那里几乎没有阳光，水的温度几乎接近冰点，然而在那里却依然生活着大量“魔性”生物，是一个超乎我们想象的世界。如今，弱光层仍有许多神秘的知识空白等待着被填补，因此有科学家称它为“地球终极边界”。

我可是海洋里的庞然大物！

鲸

鲸是海洋里的**庞然大物**，即使是小型个体也有 1.8 米，最大的能达到 30 米以上，最重超过 170 吨，最轻也有 2 吨，仅凭着体形就能在海里称王。

虽然它们长得很像鱼，人们也习惯称其为鲸鱼，但其实它们并不是鱼类，而是一种哺乳动物。与人类相似，它们两年怀一胎，一胎生一个宝宝，鲸宝宝也是靠母乳喂养长大的。

我的知名得益于三点：跃出水面时多变的姿态、超长的前翅和复杂的叫声！

座头鲸

致命陷阱

那些白天生活在弱光层的小动物会沦为其他动物的“美食”。例如，图中萤火鱿的身体上覆盖了数百个特殊的发光器官，这些器官可以吸引猎物，引诱它们游到足够近的范围内，然后萤火鱿就可以用长长的、布满吸盘的触手来捕食猎物了。

萤火鱿

除了鲨鱼、虎鲸等，剑鱼也是大海中的顶级猎手。它的上颌向前延伸，又长又尖锐，仿佛是古代侠客手中的长剑。尽管没有锋利的牙齿，但它凭着炉火纯青的“剑术”纵横四海，只要是被它盯上的猎物最后都会成为它的美食。

剑鱼还是游泳健将，最快时每小时可以游130千米，猎豹都比不上它。

剑鱼的“宝剑”在如此速度的加持下，连厚约55厘米、包着铜皮的船板也能轻易刺穿。

剑鱼

比目鱼

比目鱼“双眼同侧”的身体结构在鱼类中是独一无二的。其实它们刚出生时，在头的两边是各有一只眼睛的，但随着身体的长大，一只眼睛便慢慢地转移到了头顶，直到和另一只眼睛转到同一边，这时比目鱼才算是真正“成年”了。成年比目鱼会从海面沉入海底生活，它们以单侧的姿势躺着，并用沙子将自己隐藏，只将眼睛和上腮盖露在外面，然后静静地注视着周围，等待食物的降临。

琵琶鱼

琵琶鱼是一种形状怪异的深海鱼，体长一般45厘米，最长的可达2米。它的身体扁平，头很大，表面布满褐绿色或灰黑色的斑点，从背面俯视很像一把琵琶，故名“琵琶鱼”。雌性琵琶鱼头部长有一根“钓竿”，末端有发光器，是用来诱捕猎物的工具，因而琵琶鱼又被称为“电光鱼”。

琵琶鱼

!!!

小鱼们，都向我头顶的指引灯靠拢！

神秘的无光层

如果说处于弱光层还能看见隐约的光线，感觉自己并未与海洋以外的世界失联，那么无光层的生物们则真正是终生不见天日，于无边无际的黑暗里挣扎求生。深层水域里不仅没有光线、没有植物，而且水压极大、温度极低，这样的生存环境造就了深海生物的一些独有特征，比如自带“发光器”，生理代谢率、成长速度和生殖率都大大低于浅水生物。

深海章鱼

深海鮟鱇（ān kāng）

深海鮟鱇不算大型鱼类，最长也就 13 厘米左右，在西方却有一个外号叫“**黑魔鬼**”，由此可知它的外表有多恐怖：圆圆的身体满布皱褶的黑色皮肤，张着大嘴，下颌前伸，露出两排参差不齐还向内倒钩的尖牙，十足一副青面獠牙的凶恶模样。

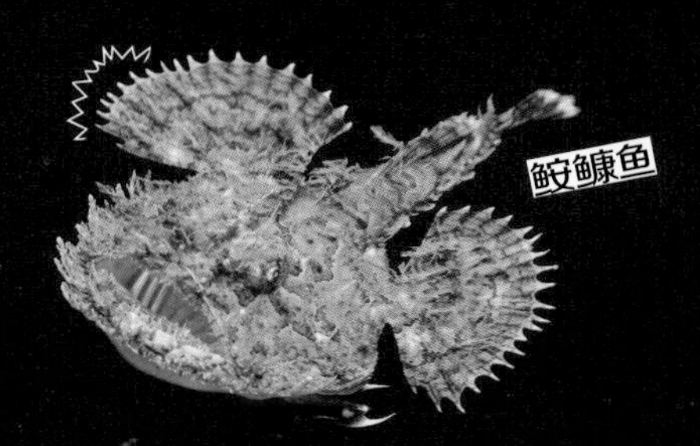

尖牙鱼

尖牙鱼的外貌可以说与深海鮟鱇“撞脸”了，同样是长得恐怖又凶神恶煞，同样是黑皮肤、大嘴巴、两排尖牙，所以它也有一个恐怖的名字“**食人魔鱼**”。不过，听起来可怕，其实对于人类来说，它的威胁性并不强，毕竟它的体形最大也只能长到 15 厘米。

尖牙鱼一般在海洋 500 米到 2000 米的地方活动，然而深至约 5000 米的深渊带也能见它们的身影，这里环境恶劣，生物并不多，因此海洋上层掉下什么，尖牙鱼就吃什么，一点儿也不挑食。

银鲛

银鲛在深海的繁衍历史已有 4 亿年之久，海洋里大多数生物在它面前，大概都要叫一声“老祖宗”。银鲛又叫“海兔子”，因为它非常敏捷，也叫带鱼鲨，因为它是从鲨鱼的近亲物种中分支而来。它的头部长着一个电接收器，当其他生物出现时，接收器就会探测到电场的变化，从而帮助它决定是转身躲开，还是继续向前冲去。

银鲛

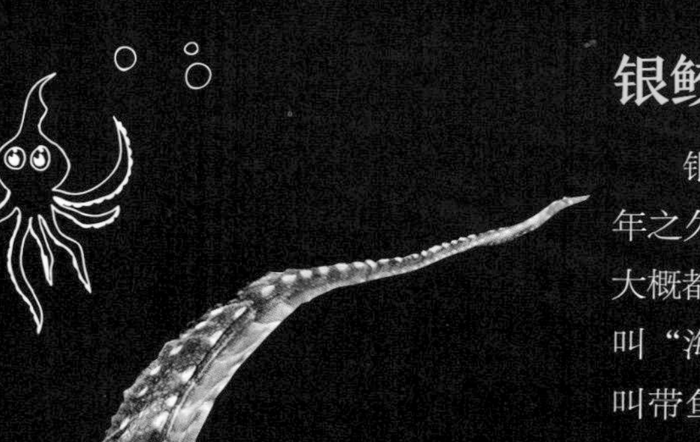

如果能获得更长的寿命，

我就能学到更多的知识！

深海章鱼

潜伏在深海无光层的大章鱼体形巨大，有的长达9米。据研究，它们的智商也非常高，有3个心脏和2个记忆系统。可惜它们寿命很短，只有3~5年，虽然一生只产一次卵，但一次产卵的数量在10万颗以上。科学家还曾在夏威夷附近海域4290米深的地方发现了一种小章鱼，它的身体是半透明的，长得很像卡通动画片里的卡斯柏小精灵。

深海水母

深海水母

早在 6.5 亿年前，就出现了水母这种没有脊椎的浮游生物，比恐龙还要早得多。它们的身体有 95% 左右都是水，其他的是一些胶状物，因此呈透明状，有的品种还能变换各种颜色的光，十分绚丽。深海水母非常好抓，因为它们根本不会游泳！需要靠着水流推动才能缓慢行动。

蝰蛇鱼

蝰蛇鱼也被称为“毒蛇鱼”，顾名思义，它长着细长的身体，光滑的皮肤，口中有像毒蛇一样锋利的牙齿。它的胃是一个与生俱来的“冰箱”，可以将吃不完的食物储存起来。

蝰蛇鱼

探索海底世界

海底并不像平原一样一马平川，而是和我们居住的陆地地貌十分相似，那里同样有高大的山脉、深邃的海沟和峡谷，以及辽阔的海底平原。海底也并不平静，新的地壳不断诞生，老的地壳也在逐渐消亡。

彩色热带鱼

大陆架

大陆架是沿岸陆地从海岸向海底延伸的区域，它的坡度一般较小，起伏也不多，约占海洋总面积的 7.5%。大陆架浅海靠近人类的住地，与人类关系最为密切，大约 90% 以上的渔业资源来自大陆架浅海。

海脊

海脊是海洋的骨架，像人类的骨骼一样，它在不断地生长、扩张。在海脊峰顶的中央裂谷一带，经常会发生地震，借此会释放能量。这里是地壳最薄弱的地方，地幔的高温熔岩从这里流出，遇到冰冷的海水凝固成岩，产生新的海洋地壳，把较老的大洋地壳推向两侧，海底就是这样扩张分离的。

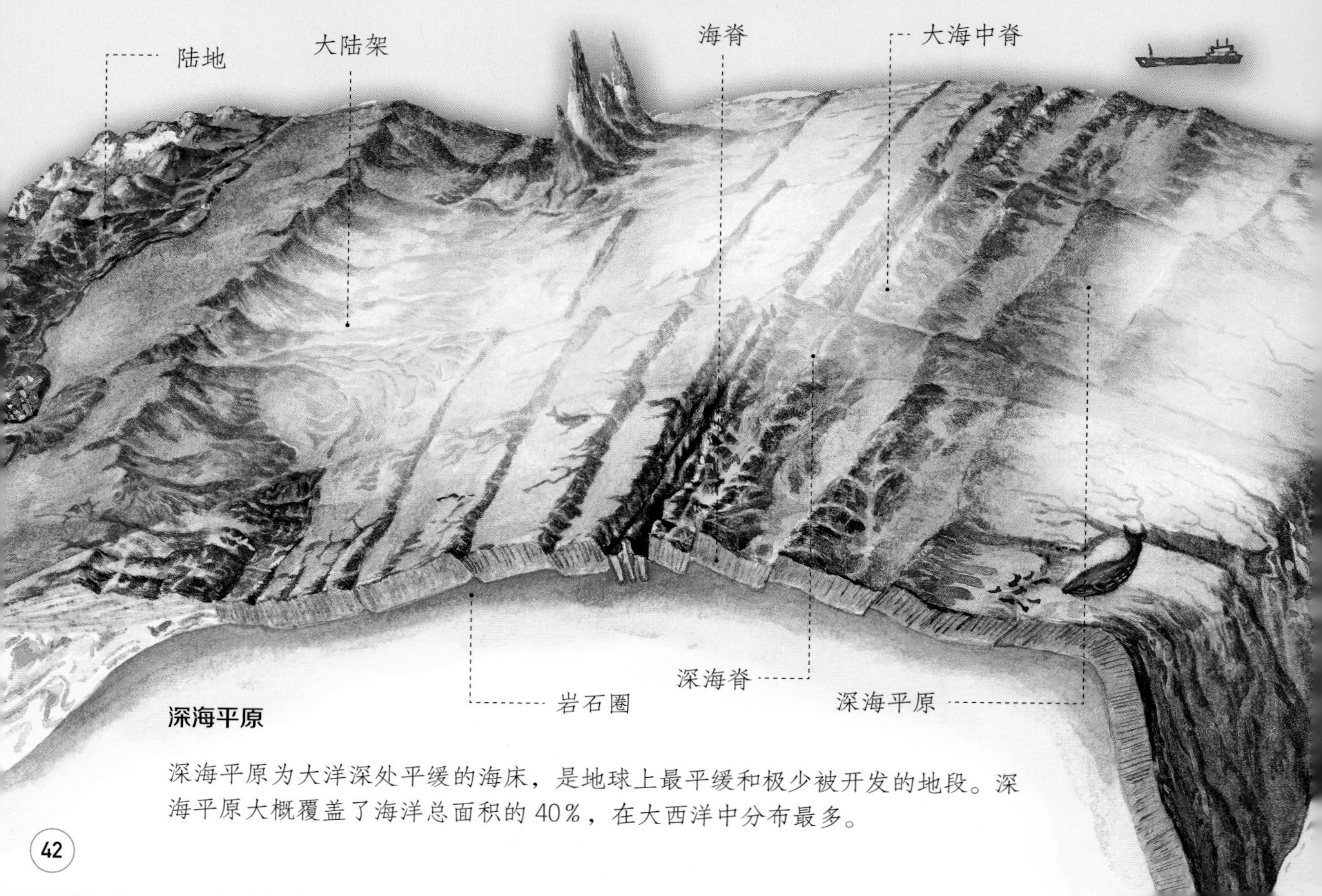

深海平原

深海平原为大洋深处平缓的海床，是地球上最平缓和极少被开发的地段。深海平原大概覆盖了海洋总面积的 40%，在大西洋中分布最多。

海底植物

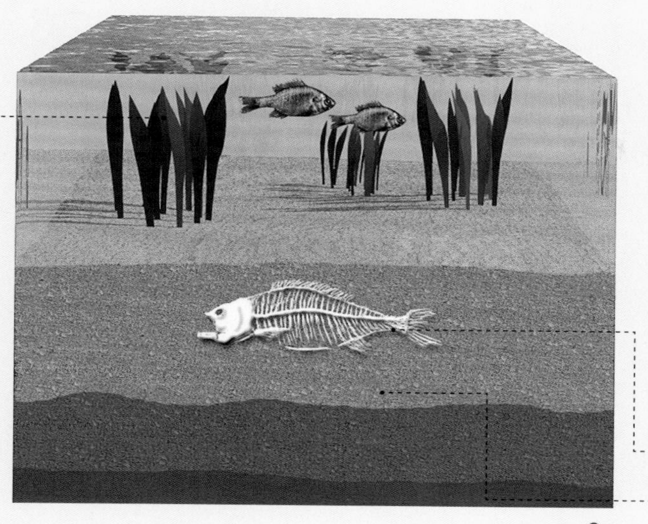

海底沉积物

大陆架上覆盖的是一层从江河冲进海里的泥沙。在深海中，海底的表面是一层软泥，其中富含海洋生物的残骸。

海洋地壳

地壳的厚度是不均匀的，相对于陆地地壳而言，海洋地壳较薄，多在5～10千米。我们知道，地壳的物质由花岗岩、玄武岩和沉积岩组成，但海洋地壳几乎没有密度较大的花岗岩，而是在玄武岩的上面覆盖着一层厚约400～800米的沉积岩。

海洋生物残骸

软泥层

海沟

海沟是海洋中比较深的地方。在世界大洋中约有30条海沟，它们的深度一般大于6000米。世界上最深的海沟是太平洋西侧的马里亚纳海沟，它的最大深度为11034米，如果把珠穆朗玛峰移到这里，它将被淹没在2000米深的水下。

神秘海洋冒险

“南海一号”是南宋时期的一艘运送瓷器的木质货船，不慎沉没在今广东省台山市海域。它是迄今为止世界上发现的海底沉船中年代最早、船体最大、保存最完整的远洋贸易商船。据考古人员统计，船上出水文物总数超过18万件，除了金、银、铜、钱币外，还有代表宋朝最高工艺的景德镇瓷器等，件件都是无价之宝。

海沟

“南海一号”古沉船遗址

火山岛，海底火山大部分都被海水淹没，露出水面的部分形成岛屿。

项目统筹：杨　静
文图编辑：韩　飞
文稿撰写：张丽莹

美术编辑：任贤贤
封面设计：罗　雷
版式设计：张大伟

图片提供：视觉中国
站酷海洛
全景视觉